本書是《食曜日》生活誌針對一人晚餐特製的料理書，
您是否即使加班晚歸，也想自己動手作飯？
希望短時間之內，快速完成低熱量、高營養的一餐，
而且，最重要的是，不用太費力。
現在您不必擔心步驟複雜、程序麻煩，
本書從使用的食材到作法，都有照片逐步圖解，
不用閱讀食譜也能動手做。
即使加班回家，身心疲憊，
還是可以從容地為自己加餐飯。

專為忙碌的人所設計的健康食譜

下班後的宵夜食堂

一定要學起來的元氣加班餐和下廚小秘訣
多吃也無負擔、不怕胖

吃貨先生（♂）吃貨小姐（♀）。
來歷不明，經常出現在《食曜日》
雜誌。

本書使用指南

♦♦♦ 小火

瓦斯爐的爐火不會接觸鍋底,只有鍋子中心部位加熱的火候。

♦♦♦ 中火

瓦斯爐的爐火剛好接觸鍋底,除了鍋子的中心部分,加熱到周圍一圈的火候。此外,書中標示「稍強的中火」指的是,大火和中火之間的火候。

♦♦♦ 大火

瓦斯爐的爐火猛烈接觸鍋底,加熱到整個鍋底的火候。

〔時間符號〕

🕐 ○分

請依照標示時間烹調。

🕐 煮至沸騰

表示加熱至湯汁或水沸騰,表面產生大量的氣泡。

🕐 熱一下

表示短時間加熱20~30秒。

〔份量的標示〕

本書中所表示的1大匙為15ml、1小匙為5ml、1杯為200ml、1cc為1ml。
書中所表示的飯量,1飯碗為200g、1茶碗為150g。

〔烹調符號〕

〰〰 沙拉油
預熱 1分鐘

表示在材料放入前,平底鍋裡倒入油,開中火依標示時間加熱。將手掌放在平底鍋上方,感覺有熱氣時,將鍋子傾斜,油立刻流動即表示預熱完成。

〰 微波加熱○分

此符號表示使用600W微波爐的加熱時間,請依不同火力調整加熱時間,例如:500W乘以1.2倍,700W乘以0.8倍,以上是參考值。依照實際機種不同,多少有所差異。

🍲 保鮮膜

此符號表示,微波加熱時,必須覆蓋保鮮膜,留意裡面要保留一些空氣。

🍲 不需保鮮膜

此符號表示,微波加熱時,不需覆蓋保鮮膜,加熱同時水份會蒸發。

🌀 拌勻

此符號表示,調味料或材料必須全部拌在一起。綜合調味料和太白粉水在下鍋烹調前,建議再次拌開,避免味道不均勻。

🥄 去浮渣

烹煮肉類或魚類時,表面會浮出灰色的泡沫,就是所謂的浮渣。置之不理的話,湯頭會產生雜味,建議耐心地用湯勺取出。

184 kcal

〔示範食譜〕

蒸雞胸肉
佐檸檬鹽

🕐 料理時間 10分 ｜ 鹽份 3.4g

料理◎藤井 惠 攝影◎廣瀨貴子
造型◎佐佐木Kanako
熱量、鹽份計算◎本城美智子

回家10分鐘後，
立刻開飯！

1人份

雞胸肉（去皮、斜切成薄片）
…1/2片（100g）

高麗菜葉…2片　檸檬（切成圓片）
（8cm大）　　…1片（4等份）

豆芽菜…1/2袋
（100g）

檸檬鹽醬汁　🌀 拌勻

檸檬汁…2大匙
日式高湯粉…1/4小匙
鹽…1/2小匙
麻油…1/2小匙
粗研磨黑胡椒…少許

● 粗研磨黑胡椒…依個人喜好隨意添加

① 依序放入食材。

1 高麗菜（攤平）
2 豆芽菜（攤平）
3 雞肉（留意不要重疊）
4 檸檬鹽醬汁
　（以繞圈方式淋上）

② 開火蒸煮。

| 🔥🔥🔥 大火 | 🕐 1分鐘 | 🔥🔥🔥 中火 | 🕐 3~4分鐘 |

FINISH MEMO

依個人喜好放上檸檬，撒上粗研磨
黑胡椒，依個人喜好隨意添加。

CONTENTS

目次

\開飯！/

SHOPPING MEMO
55道特選元氣加班餐採買清單

蒸雞胸肉佐檸檬鹽

去皮雞胸肉1/2片（100g）
豆芽菜1/2袋（100g）-
高麗菜葉2片、適量檸檬-
檸檬汁2大匙
日式高湯粉1/4小匙
麻油1/2小匙

P.005

PART
01

10分鐘完成
低卡配菜

→

養生韓式熱炒

豬腿肉薄片80g
韭菜1/2束
豆芽菜1袋（200g）
蒜泥醬（軟管包裝）1cm
酒1/2大匙
麻油1小匙
紅辣椒粉適量

P.014

醋拌鮪魚溫沙拉

水煮鮪魚罐頭 1小罐（60g）
高麗菜葉3片
小番茄5個、洋蔥1/4個
醋1大匙
橄欖油1小匙

P.016

蒸煮涮豬肉佐柚子胡椒

豬腿肉薄片80g
高麗菜葉4片
柚子胡椒1小匙
酒1大匙

P.018

雞胸肉佐生薑味噌醬

去皮雞胸肉1/2片（80g）
花椰菜1/2株
生薑（軟管包裝）2cm
味噌2小匙、酒1大匙
麻油1/2小匙

P.020

奶油醬油拌竹輪鮮菇

竹輪2支
舞菇1盒（100g）
鴻禧菇1盒（100g）
奶油5g
酒1大匙

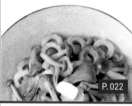
P.022

辣油清炒軟嫩豬肉片

豬肉碎片50g
豆芽菜1袋（200g）
生薑、大蒜各1瓣
乾燥切片海帶芽4g
太白粉1/2小匙
味噌、辣油各1小匙

P.024

微波雞胸肉炒青江菜

去皮雞胸肉1/2片（100g）
青江菜2株
大蒜1瓣
太白粉、蠔油、
酒、麻油各1/2小匙

P.026

清煮豬肉水菜

豬肉碎片100g
水菜3～4株
日式高湯粉1/2小匙
柚子胡椒1小匙
味醂2小匙

P.028

PART
02

幾乎全是蔬菜
的配菜

日式鮮菇煮雞柳

金針菇1袋（200g）
雞柳2條（80g）
生薑（軟管包裝）1cm
紅辣椒（切碎）1根
酒、味醂各1大匙

P.032

咖哩蒸萵苣培根

萵苣1/2顆
培根2片
酒（或白酒）1大匙
咖哩粉1/2小匙

P.034

榨菜蒸豆芽菜絞肉

豆芽菜1袋（200g）
豬絞肉80g
榨菜（瓶裝）40g
蒜泥醬（軟管包裝）1cm
酒1/2大匙
太白粉1/2小匙
麻油1小匙

P.036

萵苣梅子沙拉

萵苣葉3片
日式梅乾1個
橄欖油1小匙
山葵泥 少許

P.038

韓式炒豆苗

豆苗1袋（350g）
香菇2朵
蒜泥醬（軟管包裝）少許
豆瓣醬1/4小匙
麻油1/2小匙

P.039

明太子納豆蘿蔔苗沙拉

蘿蔔苗1盒
辣味明太子1條（40g）
納豆1盒
辣油少許

P.040

鹽昆布檸檬高麗菜

高麗菜4片
鹽昆布7～8g
檸檬汁1大匙
麻油1小匙

P.041

烤肉店的涼拌高麗菜

高麗菜葉2～3片
烤肉醬1大匙
柚子胡椒少許

P.042

咖哩柚子醋拌豆芽菜

豆芽菜1袋（200g）
醋少許
柚子醋醬油2大匙
咖哩粉1/2大匙

P.042

蠔油番茄醬乾煎洋蔥

洋蔥1小個
番茄醬1大匙
蠔油1/2大匙

P.043

日式醃小黃瓜

小黃瓜1根
日式沾麵醬汁
　（3倍稀釋）2小匙
豆瓣醬1/4小匙

P.043

PART

03

晚上9點之後的健康麵食

番茄口味義式雜菜湯

筆管麵（水煮3分熟）50g
番茄1/2個、四季豆3支
洋蔥1/8個、培根1片
西式高湯粉
橄欖油各1小匙
起司粉適量

P.052

此處列出主要材料和常備調味料以外的食材，並附上照片，採購時更方便。
※ 常備調味料＝醬油、鹽、砂糖、胡椒（包括粗研磨黑胡椒）、沙拉油等。

梅子雞肉炒烏龍

冷凍烏龍麵1份
雞柳1條（40g）
綠蘆筍2支
日式梅乾1個
雞湯粉1/4小匙
麻油1/2大匙

P.054

萵苣豬肉冬粉

冬粉50g
萵苣葉1片
小番茄3個
涮涮鍋專用豬里肌肉80g
檸檬1/8個
雞湯粉1/2大匙
魚露1大匙

P.056

滑口豆腐麵線

日式細麵1束（50g）
嫩豆腐1/2塊（150g）
生薑1小截
榨菜（瓶裝）2大匙
太白粉1小匙
雞湯粉1/2小匙
麻油1/2大匙

P.058

櫻花蝦蛋拌麵

日式細麵1束（50g）
韭菜1/4束
雞蛋2個
櫻花蝦3大匙
雞湯粉1小匙

P.060

泡菜雞蛋冬粉湯

冬粉20g
雞蛋1個
切塊泡菜40g
雞湯粉1/3小匙
麻油少許

P.062

南洋風味豆芽菜X
香菜冬粉

冬粉20g、櫻花蝦1大匙
豆芽菜1/6袋（30g）
紅辣椒（切碎）1/4支
檸檬汁1/2大匙
雞湯粉1/3小匙
香菜適量

P.062

擔擔冬粉湯

冬粉20g、豬絞肉30g
蔥3cm
雞湯粉1/3小匙
味噌1/2大匙
豆瓣醬、麻油各少許
辣油適量

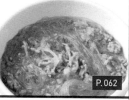
P.062

PART

04

豆腐代替主食

辣味豆腐茄子

木綿豆腐1/3塊（100g）
茄子1個、蔥1/3支、酒1大匙
豆瓣醬、雞湯粉、
太白粉各1/2小匙
蠔油1/2大匙
蒜泥醬、生薑（軟管包裝）
　各2cm

P.072

乾豆腐咖哩鬆

小黃瓜1根
日式沾麵醬汁
　（3倍稀釋）2小匙
豆瓣醬1/4小匙

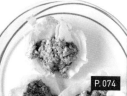
P.074

蔬菜豆腐芡汁蓋飯

木綿豆腐1/2塊（150g）
香菇2朵、洋蔥1/4個
豆芽菜1/2袋（100g）
雞湯粉、太白粉各1小匙
酒1大匙
麻油、醋各1/2大匙

P.076

納豆X海帶根涼拌豆腐

木綿豆腐1小塊（200g）
納豆1盒
海帶根1盒
醋1/2大匙
柚子胡椒1/2小匙

P.078

鹽味番茄X
筍乾佐辣油涼拌豆腐

木綿豆腐1小塊（200g）
小番茄4個
筍乾30g
辣油少許

P.076

小黃瓜佐泡菜涼拌豆腐

木綿豆腐1小塊（200g）
小黃瓜1條
切塊泡菜50g
麻油1小匙

P.077

酪梨佐山葵涼拌豆腐

木綿豆腐1小塊（200g）
酪梨1/2個
醋1小匙
山葵泥2cm

P.077

蟹肉雞蛋豆腐湯

嫩豆腐1/3塊（100g）
蟹肉棒1支
雞蛋1個
生薑少許
日式高湯粉1/2小匙

P.078

西式豆腐湯

木綿豆腐1/3塊（100g）
舞菇1/4盒（25g）
披薩用起司2大匙
西式高湯粉1/2小匙
奶油少許
巴西里少許

P.078

中式豆腐湯

高麗菜葉4片
鹽昆布7～8g
檸檬汁1大匙
麻油1小匙

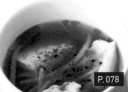

P.078

PART
05

不使用瓦斯爐
的無火蓋飯

→

清爽水雲蓋飯

木綿豆腐1/3塊（100g）
水雲（調味）1盒（70g）
魩仔魚乾3大匙
青蔥2支、小番茄2個
山葵泥適量
白飯適量

P.082

小黃瓜山藥蓋飯

小黃瓜1條
山藥5cm、蔥5cm
酥炸麵衣3大匙
白飯適量

P.084

普羅旺斯雜燴蓋飯

洋蔥1/6個、櫛瓜1/4支
茄子、番茄各1/2個
大蒜1/2瓣、培根1片
番茄醬1大匙、橄欖油1小匙
西式高湯粉1/2小匙
白飯適量

P.086

玉米秋葵滑蛋蓋飯

秋葵3支
玉米粒（罐頭）3大匙
雞蛋1個
沾麵醬汁（3倍稀釋）2小匙
太白粉1/2小匙
白飯適量

P.088

青蔥蓋飯

青蔥4支
白芝麻、拌飯辣油各1大匙
白飯適量

P.090

奶油雞蛋蓋飯

蘿蔔苗1/4包
溫泉蛋1個
起司粉1小匙
奶油10g
白飯適量

P.090

鬆軟清脆納豆蓋飯

小黃瓜1條
納豆1盒
柴魚片1盒（2.5g）
白飯適量

P.090

[常備蔬菜沙拉]
醃漬野菇X紅色甜椒

金針菇1袋（100g）
鴻禧菇1盒（100g）
紅色甜椒1個
紅辣椒（切碎）1支
麻油3大匙

P.042

[常備蔬菜沙拉]
涼拌生薑牛蒡

牛蒡1支、紅蘿蔔1/3支
金針菇1袋（100g）
鴻禧菇1盒（100g）
生薑1小截
麻油2大匙

P.044

[常備蔬菜沙拉]
涼拌高麗菜

小黃瓜1條
芹菜1/2支
紅蘿蔔1/3支
高麗菜葉3片
顆粒芥末醬、蜂蜜各1大匙
美乃滋6大匙

P.046

[麥片排毒食譜]
燉番茄麥片粥

麥片5大匙
雞柳2條（80g）
秋葵5支、番茄1個
酒1大匙
橄欖油1/2小匙

P.062

[麥片排毒食譜]
芹菜麥片湯

麥片2大匙、白菜葉2片
芹菜1/2支
金針菇1袋（100g）
洋蔥1/4個
日式高湯粉1/2小匙
橄欖油少許

P.064

[麥片排毒食譜]
麥片纖維沙拉

麥片4大匙、青蔥2支
小番茄4個
滑菇1袋（100g）
長羊栖菜5g
醋1大匙、咖哩粉1/2小匙
橄欖油1小匙

P.066

[冷凍常備蔬菜湯]
常備蔬菜湯底

高麗菜1/6顆
紅蘿蔔1根
洋蔥1個
生薑1小截
西式高湯粉1大匙

P.092

[冷凍常備蔬菜湯]
咖哩漢堡蔬菜湯

常備蔬菜湯底1份
便當專用冷凍漢堡2個
咖哩粉1/2小匙

P.094

[冷凍常備蔬菜湯]
溫泉蛋海帶芽蔬菜湯

常備蔬菜湯底1份
乾燥切塊海帶芽1小匙
溫泉蛋1個
辣油適量

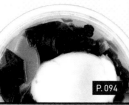

P.094

[冷凍常備蔬菜湯]
玉米奶油蔬菜湯

常備蔬菜湯底1份
味噌1小匙
玉米粒（罐頭）1大匙
奶油10g

P.094

COLUMN 1 有關熱量的說明

控制熱量等於控制體重，一起學習和熱量相關的實用知識吧！

一天必須攝取的熱量標準是2000kcal

20～30幾歲的女性，從事一般內勤、業務或家事工作時，一天必須攝取的熱量標準是1950～2000kcal。深夜進食必須要控制熱量，同時要選擇容易消化、油脂含量少的食材。此外，熱量的計算不妨以週為單位計算。外食不小心熱量攝取過多，隔天可以採取低熱量飲食，控制卡路里的攝取是飲食生活中重要的一環，千萬不可忽視。

瞭解「一碗飯」的重量

本書一碗或一大碗的白飯重量和熱量如下；建議事先測量自己的飯碗盛飯之後的重量，掌握每天攝取的卡路里。

飯碗　1碗 = 150g = 252kcal

大碗　1碗 = 200g = 336kcal

※大碗尺寸小的話，180g = 302kcal

8cm

111kcal =

沙拉油

橄欖油

麻油

記住1大匙油的熱量

熱炒吸引人的地方就是作法簡單，但是必須留意，油屬於高熱量，一旦超過食譜標記的用量，就會攝取過多的卡路里。不妨留意目測的標準用量，烹調時就能更安心。

PART 01
10分鐘完成
低卡配菜

「太晚吃飯擔心會發胖。」
「肚子餓到不行，只想趕快吃飯。」
為了回應大家的心聲，本單元蒐集許多美味的食譜，
熱量在200kcal上下，烹調時間控制在10分鐘以內，
儘可能減少食材的種類，
並且在3個步驟完成，保證作法簡單。

料理◎藤井 惠　攝影◎廣瀨貴子
造型◎佐佐木Kanako（P.014～P.023、P.028～P.029）
阿倍Mayuko（P.024～P.027）　熱量、鹽份計算◎本城美智子

不使用調理盆，直接放
入平底鍋讓肉入味。

249 kcal

養生韓式熱炒

🕐 烹調時間 10分鐘　｜　鹽份1.8g

1人份

豬腿肉薄片…80g
（長度切半）

韭菜…1/2束
（長度切成4等份）

豆芽菜
…1袋（200g）

● 辣椒粉…少許

調味

砂糖
…1/2大匙

酒
…1/2大匙

麻油
…1小匙

醬油
…2小匙

● 蒜泥醬（軟管包裝）1cm

① 調味料倒入之後
拌勻，再放入豬肉
攪拌。

② 豬肉攤平，
依序放入材料。

1 豆芽菜（攤平）
2 韭菜（正中央）

③ 蓋上鍋蓋之後開火加熱。

| ♦♦♦ 大火 | 🕐 1分鐘 | → | ♦♦♦ 中火 | 🕐 3分鐘 |

FINISH MEMO

仔細拌勻，
最後撒上辣椒粉。

160 kcal

醋拌鮪魚溫沙拉

🕐 烹調時間 10分鐘　│　鹽份 2.3g

1人份

小番茄…5個（水平切成兩半）

洋蔥…1/4個　　高麗菜葉…3片
（垂直切成薄片）（橫切1.5cm寬）

水煮鮪魚罐頭
…1小罐（60g）

醋醬汁
　醋…1大匙
　鹽…1/3小匙
　胡椒…少許
　橄欖油…1小匙

🌀 拌勻

● 粗研磨黑胡椒…少許

① 依序放入材料。

1 高麗菜（攤平）
2 洋蔥（分散擺放）
3 小番茄（分散擺放）
4 鮪魚（整罐倒入）
5 醬汁（以繞圈的方式淋上）

② 蓋上鍋蓋之後開火加熱。

💧💧💧 大火　🕐 1分鐘　➡　💧💧💧 中火　🕐 3分鐘

FINISH MEMO

撒上粗研磨黑胡椒。

帶點酸味的溫沙
拉，可以消除一
整天的疲勞。

198 kcal

蒸煮涮豬肉佐柚子胡椒

🕐 烹調時間 10分鐘 ｜ 鹽份1.5g

1人份

猪腿肉薄片…80g

高麗菜葉…4片（切成一口大小）

🌀 拌勻

柚子胡椒醬汁
```
柚子胡椒…1小匙
醬油… 1 小匙
酒…1大匙
水…1大匙
```

❶ 依序放入材料。

1 高麗菜（攤平）
2 豬肉（留意不要重疊）
3 醬汁（以繞圈的方式淋上）

❷ 蓋上鍋蓋之後開火加熱。

💧💧💧 大火　🕐 1分鐘　➔　💧💧💧 中火　🕐 3分鐘

以蒸煮方式代替水煮，
可以使肉質多汁，高麗菜鮮甜。

清淡的雞肉搭配濃郁的醬汁，
讓人吃得心滿意足！

167 kcal

雞胸肉佐生薑味噌醬

🕐 烹調時間 10分鐘 ｜ 鹽份1.7g

1人份

雞胸肉（去皮、斜切成薄片）
…1/2小片（80g）

花椰菜…1/2株
（分成小朵）

調味

	砂糖 …1/2小匙
	味噌 …2小匙
	麻油 …1/2小匙
	酒 …1大匙

● 水…1大匙
● 生薑（軟管包裝）…2cm

① 調味料倒入之後拌勻，再放入雞肉攪拌。

② 雞肉攤平，放入花椰菜。

放在肉和肉之間的空隙

③ 蓋上鍋蓋之後開火加熱。

▲▲▲ 大火	🕐 1分鐘 →
▲▲▲ 中火	🕐 2分鐘～2分鐘30秒

146 kcal

奶油醬油拌竹輪鮮菇

🕐烹調時間 10分鐘 ｜ 鹽份3.1g

1人份

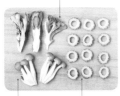

舞菇…1盒（100g）
（分成小朵）

鴻禧菇
…1盒（100g）
（分成小朵）

竹輪…2支
（橫切成
5mm圓片）

酒
…1大匙

醬油
…2小匙

● 水…1大匙

奶油…5g

① 依序放入材料。

1 禧菇、舞菇（攤平）
2 竹輪（分散擺放）
3 酒、水
　（以繞圈的方式淋上）

② 蓋上鍋蓋之後開火加熱。

| ◆◆◆ 大火 | ⏱ 1分鐘 | → | ◆◆◆ 中火 | ⏱ 2分鐘 |

完成後才放上少許奶油，
是降低卡路里的訣竅。

③ 加強火力乾炒。

| ◆◆◆ 稍強的中火 | ⏱ 快速 |

炒至水份蒸發

FINISH MEMO

**淋上醬油之後放上
奶油。**

辣油和香味蔬菜的刺激，
可以促進代謝。

238 kcal

辣油清炒軟嫩豬肉片

🕐 烹調時間 10分鐘 ｜ 鹽份1.3g

1人份

乾燥切片海帶芽
…4g（放在水中浸
泡3分鐘之後瀝乾）

豆芽菜…1袋
（200g）

生薑（切碎）…1小截

大蒜（切碎）…1瓣

豬肉碎片
…50g

辣油
…1小匙

甜鹹醬

［ 砂糖…1/2小匙
太白粉…1/2小匙
味噌…1小匙
醬油…1/2小匙 ］

🌀 拌勻

---

① 預熱之後放入豬肉拌炒。

🔥🔥🔥 中火　🕐 2分鐘

辣油＋
生薑 &
預熱　大蒜1分鐘

② 加入豆芽菜、海帶芽一起拌炒。

🔥🔥🔥 中火　🕐 2分鐘

③ 拌入甜鹹醬繼續拌炒。

🔥🔥🔥 中火　🕐 1分鐘

189 kcal

雞胸肉炒青江菜

🕐 烹調時間 8分鐘 ｜ 鹽份1.6g

1人份

青江菜…2株（葉和莖分開；
莖太粗時，垂直切成兩半）

雞胸肉（去皮）…1/2片
（100g）（寬度1cm）

🌀 拌勻

青椒肉絲醬
砂糖…1/2小匙
太白粉…1/2小匙
蠔油…1/2小匙
酒…1/2小匙
麻油…1/2小匙
醬油…1小匙
大蒜（拍碎）…1瓣

加熱後攪拌，讓青江
菜吸附雞肉的鮮味。

❶ 雞肉拌入 青椒肉絲醬。

❷ 依序將材料 放入耐熱盤裡面， 微波加熱。

🍽 覆蓋保鮮膜　　♨ 微波4分鐘

1 青江菜（攤平）
2 雞肉
（連同醬汁，平整排列）

❸ 上下翻面 攪拌均勻。

299 kcal

清煮豬肉水菜

🕐 烹調時間 8分鐘　∣　鹽份 2.6g

1人份

水菜…3～4株（長度5～6cm）

豬肉碎片
…100g

拌勻

柚子胡椒醬汁
　鹽…1/3小匙
　味醂…2小匙
　柚子胡椒1小匙
　醬油…1/2小匙

● 日式高湯粉…1/2小匙

● 水…1杯

① 材料放入之後拌勻，再開火加熱。

♦♦♦中火　⏱ 3分鐘

除去浮渣

柚子胡椒醬汁
日式高湯粉
水
豬肉

② 加入水菜一起烹煮。

♦♦♦中火　⏱ 快速

放置邊緣

水菜不需事先處理，
輕鬆省事 ☆

COLUMN2 利用家中現有工具「測量換算」

即使家裡沒有量杯或測量用的湯匙也沒關係,可以使用家裡常見物品代替。

1杯
(200㎖)

玻璃水杯
(口徑8.5×高度9cm)
僅供參考,依形狀不同
會有所差異。

7cm

保特瓶
(500㎖或550㎖容量)
僅供參考,依形狀不同會有
所差異。

6.5cm

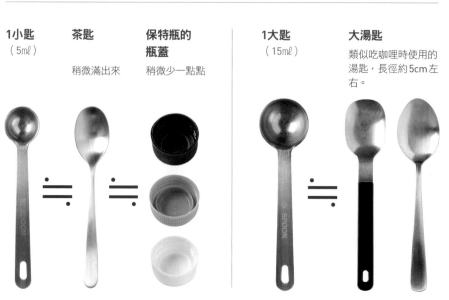

1小匙
(5㎖)

茶匙

稍微滿出來

**保特瓶的
瓶蓋**
稍微少一點點

1大匙
(15㎖)

大湯匙
類似吃咖哩時使用的
湯匙,長徑約5cm左
右。

PART 02

幾乎全是
蔬菜的配菜

本單元都是輕鬆加熱即可完成的食譜。
幾乎全是蔬菜的配菜，保證可以滿足想要吃一大堆蔬菜的慾望。
當作下酒菜或快速做出一餐都行。

料理◎藤井 惠（P.032～P.037、P.039～P.041）
大島菊枝（P.038）、大庭英子（P.042～P.043） 攝影◎廣瀨貴子
造型◎佐佐木Kanako（P.032～P.037、P.039～P.041）
阿倍Mayuko（P.038、P.042～P.043） 熱量、鹽份計算◎本城美智子

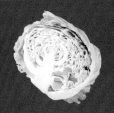

184kcal

日式鮮菇煮雞柳

🕐 烹調時間 8分鐘 | 鹽份1.8g

1人份

金針菇…1袋（200g）
（切成一半的長度）

雞柳…2條（80g）
（斜切成一口大小的薄片）

調味

 酒
…1大匙

 味醂
…1大匙

 醬油
…2小匙

● 生薑（軟管包裝）…1cm

● 紅辣椒（切碎）…1支

簡單輕鬆完成
媽媽的味道。

1 調味料放入耐熱
調理盆裡拌勻。

2 依序放入材料，
微波加熱。

 覆蓋保鮮膜  微波4分鐘

1 雞柳（攤平）
2 金針菇
（覆蓋最上方）

FINISH MEMO
從底部開始攪拌。

160 kcal

咖哩蒸萵苣培根

🕐 烹調時間 8分鐘 ｜ 鹽份2.7g

1人份

培根…2片
（寬度1cm）

萵苣…1/2顆（切成
4等份的月牙形）

酒（或白酒）
…1大匙

鹽…1/3小匙

咖哩粉…1/2小匙

萵苣微波加熱後，體積
變小，再多都吃得下。

1 耐熱碗裡放入萵苣，排列好之後，葉子和葉子之間放入培根。

分散各處

2 依序淋上調味料，微波加熱。

覆蓋保鮮膜　微波3分鐘

1 酒
2 鹽
3 咖哩粉

清洗的碗盤一旦減少，
就會增加做菜的動力。

277 kcal

榨菜蒸豆芽菜絞肉

🕐 烹調時間 8分鐘 ｜ 鹽份4.4g

1人份

豆芽菜…1袋
（200g）

豬絞肉
…80g

榨菜（瓶裝）
…40g

調味

酒
…1/2大匙

太白粉
…1/2小匙

醬油
…2小匙

麻油
…1小匙

● 蒜泥醬（軟管包裝）…1cm

**① 耐熱碗裡
放入調味料拌勻。**

② 加入絞肉拌勻。

同時將絞肉
打散

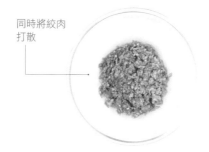

**③ 依序放入材料，
微波加熱。**

🍲 覆蓋保鮮膜　　♨ 微波3分鐘～ 3分鐘30秒

1 榨菜（攤平）
2 豆芽菜
　（完全覆蓋）

FINISH MEMO
從最底下開始攪拌均勻。

〔蔬食下酒菜〕

材料是容易製作的份量，熱量、鹽份
是總量的數值。

也可以使用梅子醬代
替，作法簡單。

52 kcal

萵苣梅子沙拉

🕐烹調時間 3分鐘 ｜ 鹽份1.1g

➊ 材料拌勻。

萵苣葉…3片（徒手撕成小片）
日式梅乾…1個
（去籽，利用菜刀搗碎）
橄欖油…1小匙
山葵醬…少許

60 kcal

韓式炒豆苗

🕐 烹調時間 5分鐘 ｜ 鹽份1.7g

加熱後拭去水份，
會更容易入味！

1 耐熱碗裡依序放入材料，
微波加熱。

 覆蓋保鮮膜　🌊 微波2分鐘

1 豆苗…1袋（350g）
（長度切半）

2 香菇…2朵
（切成薄片）

2 加入材料
拌勻。

利用廚房紙巾擦乾之後再拌勻

鹽…1/4小匙
豆瓣醬…1/4小匙
麻油…1/2小匙
蒜泥醬（軟管包裝）
…少許

〔蔬食下酒菜〕

材料是容易製作的份量，
熱量、鹽份是總量的數值。

161 kcal

明太子納豆蘿蔔苗沙拉

🕐 烹調時間 3分鐘 ｜ 鹽份2.2g

1 ## 材料拌勻。

納豆…1盒
辣味明太子…1條（40g）
（取出並打散）
蘿蔔苗…1盒（長度切成3等份）
辣油…少許

蘿蔔苗帶點苦
味，適合作為
下酒菜。

鹽昆布可以當作調味料，實用方便。

95 kcal

鹽昆布檸檬高麗菜

🕐 烹調時間 3分鐘 ｜ 鹽份1.2g

① ## 材料拌勻。

高麗菜葉…4片（切絲）
鹽昆布…7～8g
檸檬汁…1大匙
麻油…1小匙

〔蔬食下酒菜〕

材料是容易製作的份量，
熱量、鹽份是總量的數值。

72 kcal

烤肉店的
涼拌高麗菜

🕐 烹調時間 3分鐘　│　鹽份2.9g

❶ 材料拌勻。

高麗菜葉…2～3片
（徒手撕成小塊）

烤肉醬…1大匙

柚子胡椒…少許

咖哩柚子醋
拌豆芽菜

🕐 烹調時間 6分鐘　│　鹽份2.4g

**❶ 熱水裡加入調味料，
再放入豆芽菜汆燙後
瀝乾。**

💧💧💧 中火　　🕐 放入豆芽菜後1分鐘

鹽、醋…各少許
豆芽菜…1袋（200g）

❷ 加入醬汁。

咖哩柚子醋醬汁　🌀 拌勻

柚子醋醬油…2大匙
咖哩粉…1/2大匙

62 kcal

利用經常剩餘的調味料
做成居酒屋的小菜。

粗研磨黑胡椒
…少許

139 kcal

蠔油番茄醬
乾煎洋蔥

🕐烹調時間 8分鐘 ｜ 鹽份1.5g

1 預熱後，
兩面乾煎洋蔥。

沙拉油
1/2大匙
預熱 1分鐘

🔥🔥🔥中火 🕐各2分鐘

洋蔥…1小個
（橫切成厚度1cm的圓形，
中間利用牙籤插住固定）

2 加入醬汁，乾煎兩面。

🔥🔥🔥中火 🕐2～3分鐘

🌀拌勻

蠔油番茄醬
[番茄醬…1大匙
  蠔油…1/2大匙
  水…2大匙

日式醃小黃瓜

🕐烹調時間 5分鐘 ｜ 鹽份1.4g

1 材料拌勻。

小黃瓜…1條
（利用棍麵棒敲打成一口大小）

日式沾麵醬汁（3倍稀釋）…2小匙

豆瓣醬…1/4小匙

27 kcal

〔常備蔬菜沙拉〕

放入密閉容器可以冷藏保存3～4天，
熱量、鹽份是1/4份量的數值。

工作晚歸時，到家打開
冰箱就立刻可以享用。

104 kcal

醃漬野菇X紅色甜椒

🕐 烹調時間 10分鐘 ｜ 鹽份1.2g

（P.044～P.049）料理◎小田真規子　攝影◎鈴木泰介　造型◎久保田加奈子
熱量、鹽份計算◎五戶美香（nuts company）

容易製作的份量

鴻禧菇…1盒（100g）
（分成小朵）

紅色甜椒
…1個
（垂直切絲）

金針菇1袋
…（100g）
（長度切半）

🌀 拌勻

醃漬醬汁
　麻油…3大匙
　鹽…3/4小匙
　紅辣椒（切碎）…1支

① **鍋裡熱水沸騰之後，
放入材料水煮。**

🔥🔥🔥 中火　⏱ 材料放入後1～2分鐘

金針菇
鴻禧菇
紅色甜椒

② **利用濾網撈起
瀝乾。**

③ **趁熱拌入
醃漬醬汁。**

〔 常備蔬菜沙拉 〕

放入密閉容器可以冷藏保存3～4天，
熱量、鹽份是1/4份量的數值。

111 kcal

涼拌生薑牛蒡

🕐 烹調時間 20分鐘　|　鹽份1.7g

容易製作的份量

鴻禧菇
…1盒（100g）
（分成小朵）

紅蘿蔔…1/3支
（垂直切絲）

牛蒡…1支
（切絲，泡
水5分鐘之
後瀝乾）

金針菇…1袋（100g）
（長度切半）

生薑
…1小截（切絲）

 麻油…2大匙

甜鹹醬 🔄 拌勻
砂糖…1大匙
醬油…2又1/2大匙

適合帶便當，為加班的隔
天午餐加一道菜吧！

〈〈〈—麻油
預熱 2～3分鐘

1 預熱之後，依序
放入材料乾煎，
不需拌炒。

◆◆◇ 中火　🕐 1分鐘

1 牛蒡
2 生薑

2 食材全部
拌炒在一起。

◆◆◇ 中火　🕐 2～3分鐘

3 加入紅蘿蔔、
鴻禧菇、金針菇
一起拌炒。

◆◆◇ 中火　🕐 1分鐘

4 加入醬汁，
拌炒至湯汁收乾。

◆◆◆ 大火　🕐 1～2分鐘

〔常備蔬菜沙拉〕

放入密閉容器可以冷藏保存3～4天，
熱量、鹽份是1/4份量的數值。

143 kcal

涼拌高麗菜

🕐烹調時間 10分鐘 | 鹽份0.7g

高麗菜葉
…3片
（切絲5mm）

小黃瓜
…1支
（切絲）

芹菜莖
…1/2支
（切絲）

紅蘿蔔
…1/3支
（切絲）

🌀 拌勻

芥末醬

顆粒芥末醬…1大匙
蜂蜜…1大匙
美乃滋…5〜6大匙

● 鹽、胡椒…各少許

❶ 調理盆裡放入蔬菜和醬汁拌在一起。

高麗菜
小黃瓜
芹菜
紅蘿蔔

❷ 拌入鹽、胡椒。

在小酌的夜晚，希望能為您的健康略盡綿薄之力。

COLUMN 3 「在家自行製作」切塊常備蔬菜

烹調蔬菜料理時，將剩餘的蔬菜切好放入夾鏈袋裡面。以下介紹適合製作「切塊備用蔬菜」的4種食材。

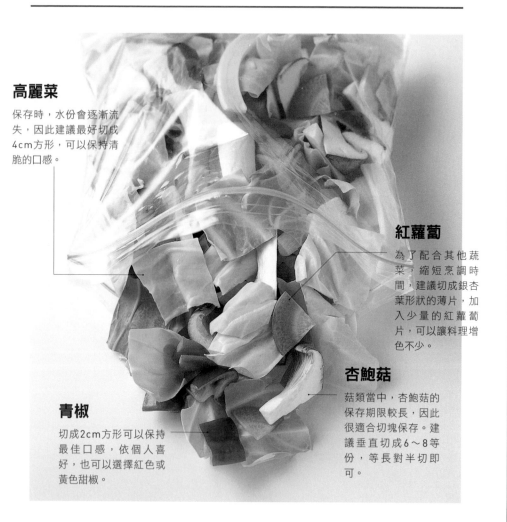

高麗菜

保存時，水份會逐漸流失，因此建議最好切成4cm方形，可以保持清脆的口感。

紅蘿蔔

為了配合其他蔬菜，縮短烹調時間，建議切成銀杏葉形狀的薄片，加入少量的紅蘿蔔片，可以讓料理增色不少。

杏鮑菇

菇類當中，杏鮑菇的保存期限較長，因此很適合切塊保存。建議垂直切成6～8等份，等長對半切即可。

青椒

切成2cm方形可以保持最佳口感，依個人喜好，也可以選擇紅色或黃色甜椒。

〔切塊蔬菜〕的保存方法

裝進夾鏈袋之後，放入冰箱冷藏，建議夏天的話3～5天，冬天的話5～7天之內使用完畢。水份殘留容易導致腐壞，務必瀝乾之後再冷藏。

不適合切塊保存的食材

不同種類的蔬菜放在一起保存時，盡量避免與味道強烈的韭菜或洋蔥一起保存。此外，特別留意不適合久放的豆芽菜，以及容易發霉的鴻禧菇。

PART 03
晚上9點之後的
健康麵食

為了不要受到外面拉麵店的誘惑，趕快回家自己動手做。

即使是麵食，也必須吃得健康才行。

本單元介紹的麵食，搭配蔬菜、豆腐、雞蛋等

使身體恢復元氣的食材，口味清爽。

輕鬆完成的冬粉湯，

適合肚子不太餓，有點嘴饞的時候。

料理◎小林 Masami（P.052～P.061）市瀨悦子（P.062～P.063）
攝影◎KITCHEN MINORU（P.052～P.061）廣瀨貴子（P.062～P.063）
造型◎本郷由紀子（P.052～P.061）
久保田加奈子（P.062～P.063）　熱量、鹽份計算◎本城美智子

番茄口味義式雜菜湯

🕐烹調時間 15分鐘 ｜ 鹽份2.9g

356 kcal

宵夜的不二法則就是，
大量蔬菜搭配少量麵條！

1人份

四季豆…3支
（切成長度2cm）

洋蔥…1/8個
（垂直切成薄片）

番茄…1/2個
（切丁1.5cm）

培根…1片
（寬度1cm）

筆管麵
（水煮3分熟）
…50g

鹽…1/4小匙

西式高湯粉
…1小匙

橄欖油…1小匙

● 水…2杯　　● 醬油…少許

● 起司粉…依個人喜好添加

---

1 鍋裡放入材料之後開火加熱。

番茄
洋蔥
培根
水
西式高湯粉

🔥🔥🔥 大火　　🕐 煮沸

2 加入四季豆、筆管麵一起煮。

🔥🔥 中火　　🕐 3分鐘　　除去浮渣

3 加鹽、胡椒調味。

🔥🔥 中火　　🕐 快速

`FINISH MEMO`

最後淋上橄欖油，再撒上起司粉即可。

梅子雞肉炒烏龍

🕐烹調時間 10分鐘 ┃ 鹽份3.6g

381 kcal

1人份

冷凍烏龍麵…1份
（依包裝袋的指
示微波加熱）

綠蘆筍…2支　　雞柳…1條
（斜切成薄片）（40g）（切絲）

日式梅乾…1個（去籽，徒手撕成小塊）

麻油
…1/2大匙

雞湯粉
…1/4小匙

醬油
…1/2小匙

冷凍烏龍隨時備用，
方便又省事。

① 預熱之後放入雞柳拌炒。

◆◆◆中火　🕐1分鐘

♨ 麻油
預熱　1分鐘

② 加入蘆筍、烏龍麵一起拌炒。

◆◆◆中火　🕐1～2分鐘

③ 拌入其他材料。

◆◆◆中火　🕐快速

日式梅乾
雞湯粉
醬油

411 kcal

萵苣豬肉冬粉

🕐烹調時間 15分鐘 ｜ 鹽份2.8g

1人份

涮涮鍋豬肉片
…80g
（長度5cm）

萵苣葉…1片
（徒手撕成大塊）

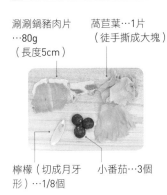

檸檬（切成月牙
形）…1/8個

小番茄…3個

冬粉…50g

雞湯粉
…1/2大匙

魚露
…1大匙

● 水…3杯　　● 鹽…2小撮

● 醬油…少許

利用冬粉代替河粉，
感受旅行時享受美食
的片刻。

① 鍋裡放入材料之後開火加熱。

🔥🔥🔥 大火　🕐 煮沸

水
雞湯粉
豬肉
冬粉

② 加入萵苣、小番茄一起煮。

🔥🔥🔥 中火　🕐 快速　❋ 除去浮渣

③ 加入調味料。

🔥🔥🔥 中火　🕐 快速

魚露
鹽
胡椒

FINISH MEMO

最後擠上檸檬即可。

容易消化，適合進入休息
模式的腸胃。

339 kcal

滑口豆腐麵線

🕐烹調時間 10分鐘　｜　鹽份2.4g

1人份

榨菜（瓶裝）…2大匙
（稍微切碎）

生薑…1小截（磨成泥狀）

日式細麵…1束（50g）

嫩豆腐
…1/2塊
（150g）

🌀 拌勻

太白粉水
［ 太白粉、水
  …各1小匙

雞湯粉…1/2小匙

麻油…1/2大匙

● 水…1/2杯　● 鹽…少許

---

❶

滾水汆燙
日式細麵，
利用清水沖洗。

◆◆◆ 中火

🕐 依照包裝袋上指示的時間〜30秒

豆腐（搗碎後放入）、榨菜、水
雞湯粉、麻油、鹽

❷

鍋裡放入
材料之後
開火加熱。

◆◆◆ 中火　🕐 煮沸

❸

淋上一圈
太白粉水，
拌勻。

◆◆◆ 中火　🕐 快速

倒入前
再攪拌一次

❹

加入日式細麵
之後拌勻。

◆◆◆ 中火　🕐 快速

FINISH MEMO

最後放上
生薑泥即可。

367 kcal

櫻花蝦蛋拌麵

🕐烹調時間 10分鐘 ｜ 鹽份3.1g

1人份

韭菜…1/4束（長度3cm）

日式細麵…1束（50g）

雞蛋
…2個（打散）

櫻花蝦
…3大匙

雞湯粉…1小匙

鹽…1/4小匙

● 胡椒…少許

● 水…1又1/2杯

冰冰涼涼的麵條，加上溫熱的湯汁，保證一吃就會上癮。

① 滾水汆燙日式細麵，再利用清水沖洗後放進容器裡面。

◆◆◆中火　🕐 依包裝袋上指示的時間

② 鍋裡放入材料之後開火加熱。

水
櫻花蝦
雞湯粉
鹽
胡椒

◆◆◆中火　🕐 煮沸

③ 加入韭菜，以繞圈的方式淋上蛋液。

◆◆◆中火　🕐 15秒

5min.cooking　〔 微波加熱冬粉湯 〕

材料1人份

178 kcal

泡菜雞蛋
冬粉湯

🕐 烹調時間 5分鐘 ｜ 鹽份2.4g

87 kcal

南洋風味豆芽菜
X香菜冬粉

🕐 烹調時間 5分鐘 ｜ 鹽份2.0g

擔擔冬粉湯

🕐 烹調時間 5分鐘 ｜ 鹽份1.7g

放入材料時，建議使
用可以裝至八分滿的
大容器。

166 kcal

泡菜雞蛋冬粉湯	南洋風味豆芽菜X 香菜冬粉	擔擔冬粉湯
❶ ①耐熱容器裡放入 湯汁的材料，拌勻。	**❶ 耐熱容器裡放入湯 汁的材料，拌勻。**	**❶ 耐熱容器裡放入湯 汁的材料，拌勻。**

雞湯粉…1/3小匙 醬油…1小匙 水…3/4杯 麻油…少許	雞湯粉…1/3小匙 鹽…1/4小匙 胡椒…少許 檸檬汁…1/2大匙 水…3/4杯 紅辣椒（切碎）…1/4支	味噌…1/2大匙 雞湯粉…1/3小匙 豆瓣醬…少許 水…3/4杯 麻油…少許 豬絞肉…30g（稍微打散）

❷ 依序加入材料， 微波加熱。	**❷ 依序加入材料， 微波加熱。**	**❷ 依序加入材料， 微波加熱。**

➖ 不需保鮮膜	➖ 不需保鮮膜	➖ 不需保鮮膜
微波 3 分鐘 30 秒	微波 3 分鐘 30 秒	微波 3 分鐘 30 秒

1 雞蛋…1個（稍微打散） 2 冬粉…20g 　（利用廚房剪刀裁成7cm長） 3 切塊泡菜…40g	1 冬粉…20g 　（利用廚房剪刀裁成7cm長） 2 櫻花蝦…1大匙 3 豆芽菜…1/6袋（30g）	1 冬粉…20g 　（利用剪刀裁成7cm長） 3 蔥（切碎）…3cm

FINISH MEMO	**FINISH MEMO**	**FINISH MEMO**
從底部開始拌勻。	從底部開始拌勻，香菜愛吃 多少都可以。	從底部開始拌勻，辣油愛放 多少都可以。

深夜緊急食材

〔麥片排毒食譜〕

 什麼是麥片？

將大麥蒸熟，利用滾筒壓扁加工之後的製品。加工之後，不僅食用方便，而且增加吸水性，適合烹調。不需要事先清洗，可以直接使用。放入密閉容器冷藏即可；分成小包裝更方便。

320 kcal

燉番茄麥片粥

🕐烹調時間 15分鐘 ｜ 鹽份2.1g

（P.062～P.067）料理◎藤井 惠　攝影◎廣瀬貴子　熱量、鹽份計算◎本城美智子
造型◎佐佐木Kanako（P.062～P.063）阿部Mayuko（P.064～P.067）

1人份

雞柳…2條（80g）（寬1cm）

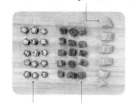

秋葵…5支　　番茄…1個
（寬1cm）　　（切丁1cm）

 麥片…5大匙

 酒…1大匙

 鹽…1/3小匙

 橄欖油
…1/2小匙

● 水…1杯

● 粗研磨黑胡椒…少許

使放涼，還是一樣美味，
剩餘的就當作隔天的早餐。

1 **鍋裡放入材料，**
煮的同時要不時攪拌。

◆◆◆ 中火　🕐 10～12分鐘

雞柳
番茄
秋葵
麥片
酒
水

2 **撒鹽調味。**

◆◆◆ 中火　🕐 快速

FINISH MEMO
最後淋上橄欖油，撒上粗
研磨黑胡椒即可。

麥片的營養價值

食物纖維是米飯的1.7倍，鉀是2倍，內含的營養素有助於排便順暢，以及預防水腫，吃宵夜時，建議使用麥片當主食，代替米飯。此外，麥片富含鐵質、鈣質、維他命B1等，有助於減緩一整天累積下來的疲勞和壓力。

142 kcal

芹菜麥片湯

⏱烹調時間 15分鐘 ｜ 鹽份1.4g

1人份

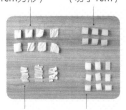

白菜葉…2片　　芹菜莖…1/2支
（1cm方形）　　（切丁1cm）

金針菇…1袋（100g）　洋蔥1/4個
（長度1cm）　　　　（1cm方形）

　麥片…2大匙
　　　　　　（約20g）

　日式高湯粉
　　　　…1/2小匙

● 水…2杯

● 鹽、橄欖油、粗研磨黑胡椒
　…各少許

也可以使用高麗菜
取代白菜。

① 鍋裡放入材料一起燉煮。

💧💧💧 中火　🕐 10分鐘

白菜
芹菜
金針菇
洋蔥
麥片
水
日式高湯粉

② 加鹽調味。

💧💧💧 中火　🕐 1分鐘

FINISH MEMO

**最後淋上橄欖油，撒上粗
研磨黑胡椒即可。**

羊栖菜不需泡水，但使用前
要先稍微清洗一下。

隨時隨地食用麥片

建議平常多多食用麥片，不妨混合在白米裡面
一起蒸煮，在一般加了水的白米裡面，放入麥
片，再加上麥片重量兩倍的水（50g的麥片加
入100ml的水），依正常程序蒸煮。放入過多
的麥片，可能會導致口感變差，建議麥片的份
量控制在白米的一成左右。

223 kcal

麥片纖維沙拉

🕐 烹調時間 20分鐘　|　鹽份2.0g

1人份

小番茄…4個（垂直切成4等份）

青蔥…2支（寬5mm）

麥片
…4大匙
（約35g）

滑菇…1袋
（100g）
（稍微水洗之
後瀝乾）

長羊栖菜…5g
（泡水5分鐘之
後瀝乾）

 拌勻

咖哩醬汁
- 鹽…1/3小匙
- 咖哩粉…1/2小匙
- 醋…1大匙
- 橄欖油…1小匙

1 鍋裡水滾之後，依序
放入材料水煮。

麥片	羊栖菜	滑菇
♦♦♦中火　⏱7分鐘	→ ⏱2分鐘	→ ⏱1分鐘

2 瀝乾之後放入調理盆，
拌入醬汁。

3 拌入小番茄和青蔥即可。

COLUMN 4 夜晚食用有助於恢復疲勞的食材

工作忙碌，又逢不得不加班的時候…不妨利用週末採買，可以多採購一些有益健康的食材。

低脂優質蛋白

夜晚攝取蛋白質有助於恢復肌膚活力，豆腐、雞胸肉、雞柳等富含必須氨基酸，由於脂肪含量少，因此也很適合在活動量不多的夜晚，攝取這一類的蛋白質。

滑菇

山藥

海藻類

具有黏稠性的食品

具有黏稠性的食品，例如：水雲、海帶根等海藻，皆具有改善腸內環境的效果，恢復腸道功能、提升免疫力、預防便秘和腹瀉，並且有助於減緩疲勞。

納豆

優格

泡菜

發酵食品

發酵食品和具有黏稠性的食品一樣，可以有效改善腸內環境，有助於預防氧化及對抗老化，恢復肌膚活力。

秋葵

（ 夜晚進食的注意事項 ）

睡前3小時用餐用完畢

食物消化至少需要3小時，如果在用餐完畢後就立刻就寢的話，囤積體內的脂肪量會逐漸增加。

喝光蔬菜的湯汁

不論是蒸的或煮的蔬菜料理，食用時建議把湯汁一起喝下去，因為湯汁裡含有鉀，可以幫助體內排出鹽份，有效預防水腫。

PART 04
豆腐代替主食

「豆腐」是最適合加班料理的食材，
本單元介紹豆腐的三種作法。
大量使用豆腐的低卡配菜、放上配料即可完成的涼拌豆腐，
以及令人身心滿足的豆腐湯品。
今晚就讓豆腐來療癒身心靈！

料理◎藤井 惠（P.072〜P.079）大島菊枝（P.080〜P.081）
攝影◎廣瀨貴子（P.072〜P.079）馬場Wakana（P.080〜P.081）
造型◎佐佐木Kanako（P.072〜P.079）西崎彌沙（P.80〜P.081）
熱量、鹽份計算◎本城美智子

炒出豆瓣醬的辣味之後，
味道更加濃郁！

178 kcal

辣味豆腐茄子

🕐 烹調時間 15分鐘 ｜ 鹽份2.4g

1人份

茄子…1個
（垂直切成4等份，
橫切寬度1.5cm）

木綿豆腐
…1/3（100g）
（切丁1.5cm）

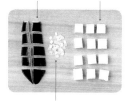

蔥稍微切碎…1/3支

 沙拉油
…1/2大匙

 豆瓣醬
…1/2小匙

● 蒜泥醬（軟管包裝）…2cm

● 生薑（軟管包裝）…2cm

 拌勻

綜合調味料

蠔油…1/2大匙
酒…1大匙
雞湯粉…1/2小匙
太白粉…1/2小匙
水…3大匙

① 預熱之後炒茄子。

♦♦♦中火　🕐 2分鐘

≈ 沙拉油
預熱　1分鐘

② 依序加入材料拌炒。

♦♦♦中火　🕐 2～3分鐘

1 豆瓣醬
2 大蒜
3 生薑
4 蔥

**③ 加入豆腐、
綜合調味料燉煮。**

♦♦♦中火　🕐 2～3分鐘

不時攪拌

073

大量使用豆腐的南洋風味炒絞肉，也可以搭配番茄或花椰菜。

264 kcal

乾豆腐咖哩鬆

🕐烹調時間 15分鐘 ｜ 鹽份2.3g

1人份

萵苣葉…1片（撕成大塊）

木綿豆腐
…1/2塊
（150g）

豬絞肉
…50g

酒…1大匙

咖哩粉
…1/2大匙

番茄醬…1大匙

醬油…2小匙

● 生薑（軟管包裝）…1cm

● 蒜泥醬（軟管包裝）…1cm

● 水…1/4杯

① 絞肉和酒混合在一起，開火拌炒。

♦♦♦ 中火　🕐 1分鐘30秒

拌炒至肉的
顏色改變

② 加入材料，繼續拌炒。

♦♦♦ 中火　🕐 1分鐘

生薑
大蒜
咖哩粉

③ 加水煮沸，加入材料燉煮。

♦♦♦ 中火　🕐 煮沸之後8分鐘

豆腐
（徒手捏碎之後放入）
番茄醬
醬油

不時攪拌
煮至湯汁收乾

FINISH MEMO

放在萵苣上面。

豆腐搗碎之後取代白飯。
相同的技巧也適合搭配咖哩。

226 kcal

蔬菜豆腐芡汁蓋飯

🕐 烹調時間 15分鐘 ｜ 鹽份2.6g

1人份

香菇…2朵（切成薄片）

洋蔥…1/4個（垂直切成薄片）

木綿豆腐
…1/2塊
（150g）

豆芽菜
…1/2袋
（100g）

麻油
…1/2大匙

🍥 拌勻

中華醬汁

> 雞湯粉…1小匙
> 太白粉…1小匙
> 酒…1大匙
> 醋…1/2大匙
> 醬油…1/2大匙
> 水…3大匙

① 耐熱盆裡放入豆腐，微波加熱之後捏碎。

🍚 覆蓋保鮮膜 　🌊 微波3分鐘

廚房紙巾
折疊之後
鋪在底下

換上新的廚房紙巾，
徒手捏碎豆腐。

② 預熱，放入材料拌炒。

💧💧💧中火 　🕐 1～2分鐘

🍳 麻油
預熱 1分鐘

洋蔥
香菇
豆芽菜

③ 加入中華醬汁拌勻，燉煮至湯汁呈現濃稠狀態。

💧💧💧中火 　🕐 快速

FINISH MEMO

將①裝盤，然後
淋上③即可。

〔涼拌豆腐，放上配料即可完成！〕

材料1人份

豆腐用鹽調味之後，
再放上配料。

鹽味番茄x
筍乾佐辣油涼拌豆腐

🕐烹調時間 3分鐘 ｜ 鹽份3.3g

1 木綿豆腐…1小塊（200g）
2 鹽…1/3小匙（撒在豆腐上面）
3 小番茄4個（橫切成兩半）
4 筍乾30g（切絲）
5 辣油…少許

249kcal

納豆X
海帶根涼拌豆腐

🕐烹調時間 3分鐘 ｜ 鹽份1.9g

1 木綿豆腐…1小塊（200g）
2 納豆…1盒
3 海帶根…1盒

🌀 拌勻

4 醋醬油

醋…1/2大匙
醬油…1/2大匙
柚子胡椒…1/2小匙

208 kcal

黏稠食材＋發酵食品是
最強的組合。

酪梨佐山葵
涼拌豆腐

🕐 烹調時間 3分鐘 ｜ 鹽份1.9g

1 木綿豆腐…1小塊（200g）
（切成容易入口的大小）
2 酪梨…1/2個（橫切寬度5mm）

🌀 拌勻

3 山葵醬汁
 砂糖…1/2小匙
 醋…1小匙
 醬油…2小匙
 山葵泥2cm

222 kcal

小黃瓜佐泡菜
涼拌豆腐

🕐 烹調時間 3分鐘 ｜ 鹽份2.1g

1 木綿豆腐…1小塊（200g）
（切成容易入口的大小）
2 小黃瓜…1支
（利用棍麵棒敲打成一口大小）
3 切塊泡菜…50g（放入耐熱容器，淋上1
小匙麻油，覆蓋保鮮膜之後，微波1分鐘）
4 醬油…1小匙

麻油淋在泡菜上面，微波
加熱之後，風味絕佳。↗

酪梨和日式調味
料超級對味。

272 kcal

5min.cooking 〔微波加熱豆腐湯〕

材料1人份

蟹肉雞蛋豆腐湯

🕐烹調時間 5分鐘 ｜ 鹽份2.4g

156 kcal

193 kcal

西式豆腐湯

🕐烹調時間 5分鐘 ｜ 鹽份2.0g

中式豆腐湯

🕐烹調時間 5分鐘 ｜ 鹽份1.4g

90 kcal

蟹肉雞蛋豆腐湯	西式豆腐湯	中式豆腐湯

1 耐熱器皿裡依序放入材料。

1 湯底（拌勻）

　薑泥…少許

　日式高湯粉…1/2小匙

　鹽…1小撮

　水…3/4杯

2 嫩豆腐…1/3塊（100g）

　（利用湯匙挖成一大塊放入）

3 蟹肉棒…1支（撕成細絲）

4 蛋液…1個

　（以繞圈的方式淋上）

2 微波加熱。

　覆蓋保鮮膜

　微波3分鐘

留意材料不要超過容器八分滿。

---

1 耐熱器皿裡依序放入材料。

1 湯底（拌勻）

　西式高湯粉…1/2小匙

　醬油…1小匙

　水…3/4杯

　奶油…少許

2 木綿豆腐…1/3塊（100g）

　（利用湯匙挖成一大塊放入）

3 舞菇…1/4盒（25g）

　（分成小朵）

4 披薩用起司…2大匙

2 微波加熱。

　覆蓋保鮮膜

　微波3分鐘

FINISH MEMO

依個人喜好加入少許巴西里。

---

1 耐熱器皿裡依序放入材料。

1 湯底（拌勻）

　雞湯粉…1/2小匙

　柚子醋醬油…2小匙

　水…3/4杯

2 豆芽菜…1/4袋（50g）

3 木綿豆腐…1/3塊（100g）

　（利用湯匙挖一大塊放入）

2 微波加熱。

　覆蓋保鮮膜

　微波3分鐘

FINISH MEMO

麻油、七味粉，愛加多少都可以。

COLUMN 5 如何聰明選購便利商店的熟食

家裡廚房公休，只好求助便利商店，雖然如此，晚餐必須要吃得健康，
以下介紹挑選商品時的原則：

☐ 飯糰的內餡挑選梅子或鮭魚。
　 納豆捲壽司也是不錯的選擇。

☐ 蕎麥麵冷熱皆可，但是如果附加海鮮蔬菜炸餅時，
　 食用前記得去掉外層的麵衣，湯麵的湯汁不要喝光。

　　　　　☐ 可吃到蔬菜的中華涼麵是不錯的選擇，
　　　　　　 但是醬汁鹽份過多，建議使用一半。

　　　　　☐ 炒麵和炒米粉二選一的話，
　　　　　　 建議選擇炒米粉。

☐ 偶爾可以吃肉醬義大利麵，但一定要搭配沙拉，
　 建議先吃沙拉。

☐ 炸雞便當和幕之內便當*二選一的話，
　 當然要選幕之內便當，飯量自行決定。

☐ 盡量避免油脂含量高的油炸食品、咖哩、拉麵等。

☐ 燉煮、拌炒、涼拌、湯品等，建議選擇蔬菜量多的品項。

☐ 關東煮也是不錯的選擇。

☐ 果菜汁也可以當作蔬菜。

＊譯註：幕之內便當類似台灣的招牌便當，菜色較為豐富、均衡。

PART 05

不使用瓦斯爐的
無火蓋飯

不使用瓦斯爐,可以減少烹調器具使用,少了事後必須清洗的鍋碗瓢盆。

食材切塊之後,直接放在白飯上面,進行微波加熱,

甚至連菜刀都用不著,作法簡單到不行,

但是味道卻令人欲罷不能,你一定要試一試

料理&造型◎MinaiKinuko(P.084~P.091)
料理◎MinakuchiNahoko(P.092~P.093)
攝影◎鈴木泰介(P.084~P.091)MIHO(P.092~P.093)
造型◎西崎彌沙(P.092~P.093) 熱量、鹽份計算◎本城美智子

清爽水雲蓋飯

🕐烹調時間 5分鐘 ｜ 鹽份2.5g

428 kcal

1人份

青蔥…2支（切碎）

小番茄…2個（垂直切成4等份）

木綿豆腐
…1/3塊
（100g）

魩仔魚乾
…3大匙

水雲（調味）
…1盒（70g）

● 山葵泥…依個人喜好添加

● 醬酒…少許

● 白飯…小碗1碗

水雲是富含礦物質和食
物纖維的健康食材。

1 水雲、魩仔魚、小番茄拌在一起。

2 豆腐徒手剝成小塊放在白飯上面。

FINISH MEMO

將 **1** 和青蔥放在最上面，
以繞圈的方式淋上醬油，
最後放上山葵泥即可。

利用相同的食材,將切塊
部分和泥狀部分拌在一起。

427 kcal

小黃瓜山藥蓋飯

🕐烹調時間 8分鐘 ∣ 鹽份2.6g

1人份

葱…5cm
（切碎）

小黃瓜…1/3條
（切成圓形薄片）

山藥…長度5cm垂直切半
（垂直切成長條狀）

山藥…長度5cm垂直
切半（磨成泥狀）

小黃瓜…2/3條
（磨成泥狀）

酥炸麵衣
…3大匙

醬油
…1小匙

● 鹽…少許×2

● 白飯…小碗1碗

---

①　小黃瓜拌鹽調味。

切成圓形薄片
&磨成泥狀
鹽…少許

②　山藥拌鹽調味。

切成長條狀&
磨成泥狀
鹽…少許

**③　白飯裡加入酥炸麵
衣、葱、醬油之後
拌開。**

FINISH MEMO
將❶和❷放在
❸上面即可。

普羅旺斯雜燴蓋飯

🕐 烹調時間 10分鐘　|　鹽份2.2g

490 kcal

軟爛的蔬菜有助於
腸胃吸收。

1人份

洋蔥…1/6個
（垂直切成
寬度5mm）

櫛瓜…1/4支（切成
厚度7mm的半月形）

茄子…1/2個
（切成厚度7mm
的半月形）

番茄…1/2個
（切成一口大小）

培根…1片
（切成1cm寬）

大蒜…1/2瓣
（切碎）

砂糖…1/2小匙

番茄醬…1大匙

橄欖油…1小匙

西式高湯粉
…1/2小匙

● 鹽、胡椒…各少許

● 白飯…小碗1碗

---

1 耐熱碗裡放入白飯
以外的材料，拌在
一起。

2 微波加熱。

覆蓋保鮮膜　　微波5分鐘

3 取出之後攪拌。

FINISH MEMO
將❸放在白飯上面
即可。

玉米秋葵滑蛋蓋飯

🕐烹調時間 8分鐘 ｜ 鹽份1.3g

429 kcal

雞蛋加入太白粉，即使微
波加熱之後也不會變硬，
依舊軟嫩！

1人份

秋葵…3支（切成小圓片）

玉米粒（罐頭）
…3大匙
（湯汁瀝乾）

蛋液
> 雞蛋…1個
> 沾麵醬汁（3倍稀釋）…2小匙
> 太白粉…1/2小匙
> 水…1/4杯

● 粗研磨黑胡椒…少許

● 白飯…小碗1碗

1 耐熱碗裡放入蛋液拌勻，加入材料，微波加熱。

[覆蓋保鮮膜]　[微波1分鐘30秒]

玉米粒
秋葵

2 取出之後拌勻。

3 再次微波加熱。

[覆蓋保鮮膜]　[微波20～30秒]

FINISH MEMO
將**3**放在白飯上面，最後撒上粗研磨黑胡椒即可。

5min.cooking 〔放上配料即可完成的蓋飯〕

材料1人份

393 kcal

青蔥蓋飯

🕐烹調時間 3分鐘 ｜ 鹽份0.6g

廚房專用剪刀實用
方便。

奶油雞蛋蓋飯

🕐烹調時間 3分鐘 ｜ 鹽份1.4g

421 kcal

鬆軟清脆
納豆蓋飯

🕐烹調時間 3分鐘 ｜ 鹽份0.7g

364 kcal

青蔥蓋飯

① 直接在白飯上方剪青蔥。

白飯…飯碗1碗
青蔥…4支（蔥花）

② 撒上研磨過的芝麻。

研磨過的白芝麻…1大匙

③ 放上拌飯辣油。

拌飯辣油…1大匙

奶油雞蛋蓋飯

① 白飯拌入奶油、醬油。

白飯…飯碗1碗
奶油…10g（埋進白飯裡面融化）
醬油…1小匙

② 直接在白飯上方剪蘿蔔苗。

蘿蔔苗…1/4盒（長度1cm）

③ 放上溫泉蛋，撒上粗研磨黑胡椒、起司粉。

溫泉蛋…1個
起司粉…1小匙
粗研磨黑胡椒…少許

鬆軟清脆納豆蓋飯

① 納豆拌開。

納豆…1盒
內附的醬汁、芥末醬
…全放

② 白飯上面放上柴魚片、納豆。

柴魚片…1盒（2.5g）
白飯…飯碗1碗

③ 直接在白飯上方剪小黃瓜。

小黃瓜…1條
（一邊旋轉一邊斜剪）

〔冷凍常備蔬菜湯〕

熱量、鹽份是1餐的數值

大量使用平時常見的蔬菜，
加入生薑增添風味。

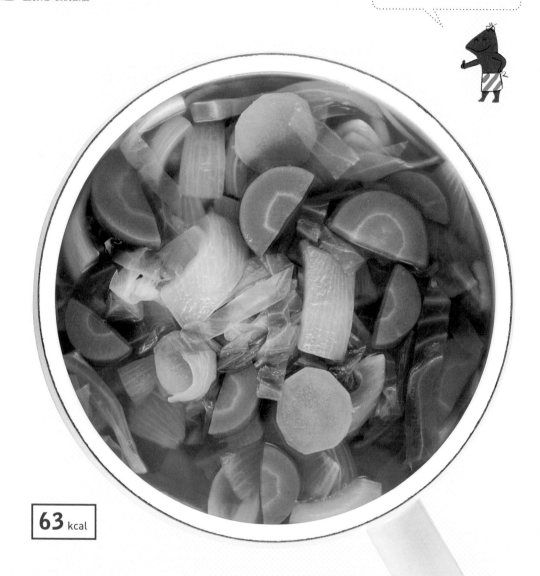

63 kcal

常備蔬菜湯底

🕐 烹調時間 25分鐘 ｜ 鹽份1.4g

[左下]（P.094～P.097）料理◎青木恭子（studio nuts）攝影◎飯貝拓司
造型◎佐佐木Kanako 熱量、鹽份計算◎五戶美香（nuts company）

4餐的份量

紅蘿蔔…1根（切成　　高麗菜…1/6顆
厚度1cm的半月形）　（橫切寬度1cm）

洋蔥…1個　　　生薑…1小截
（切成一口大小）　（切成薄片）

● 沙拉油
　…2小匙

● 西式高湯粉
　…1大匙

● 鹽…1/3小匙

● 胡椒…少許

● 水…4又1/2杯

沙拉油
+生薑
預熱　1分鐘

1 拌炒紅蘿蔔、洋蔥。

🔥🔥🔥 中火　🕐 3分鐘

2 加入材料燉煮。

🔥🔥🔥 中火　🕐 煮沸

水、鹽、胡椒
西式高湯粉

3 加入高麗菜燉煮。

🔥🔥🔥 小火　🕐 10～12分鐘

不時翻面

剩下的作為常備蔬菜湯底

分成3份，裝入耐冷、耐熱的保存容器，
放進冷凍庫。加班晚歸時立刻派得上用場。

1/4是一餐的份量

平日吃得到蔬菜的假日準備工作2

〔冷凍常備蔬菜湯〕
活用食譜

熱量、鹽份是1餐的數值

咖哩漢堡蔬菜湯

🕐烹調時間 10分鐘　|　鹽份2.1g

160 kcal

150 kcal

溫泉蛋海帶芽
蔬菜湯

🕐烹調時間 10分鐘　|　鹽份2.1g

玉米奶油
蔬菜湯

🕐烹調時間 10分鐘　|　鹽份2.6g

158 kcal

完全是複製札幌拉麵的味道。

咖哩漢堡蔬菜湯

1 **直接將材料放在冷凍常備蔬菜湯底上面，微波加熱。**

▬ 不需保鮮膜

微波 7 ~ 8 分鐘

1 便當專用冷凍漢堡 2 個
2 咖哩粉…1/2 小匙

FINISH MEMO
攪拌均勻即可。

燉漢堡肉的簡易版本。

溫泉蛋海帶芽蔬菜湯

1 **直接將材料放在冷凍常備蔬菜湯底上面，微波加熱。**

▬ 不需保鮮膜

微波 7 ~ 8 分鐘

1 乾燥細海帶芽…1 小匙

FINISH MEMO
放上 1 個溫泉蛋，加入少許鹽、胡椒，愛加多少辣油都可以。

溫泉蛋在便利超商都買得到。

玉米奶油蔬菜湯

1 **直接將材料放在冷凍常備蔬菜湯底上面，微波加熱。**

▬ 不需保鮮膜

微波 7 ~ 8 分鐘

2 **溶入味噌**

味噌…1 小匙

FINISH MEMO
撒上少許鹽、胡椒，放入 1 大匙的玉米粒（罐頭）和 10g 的奶油即可。

蔬菜的切法

不同的蔬菜切法會影響口感和烹煮的時間，基本的刀工熟練之後，烹飪技巧自然提高。

〔 滾刀切 〕胡蘿蔔

菜刀維持相同的位置不變，只要轉動紅蘿蔔本身，每次切口的角度移動90度，並且在切口的1/2的位置下刀。切成同樣大小可以使整道菜的味道均勻。適用於茄子等其他食材。

〔 半月形 〕胡蘿蔔

垂直對切，切口朝下，從最邊緣開始，依作法指示的厚度切片。由於形狀像半月，取名叫半月形。適用於白蘿蔔、蓮藕、馬鈴薯等，切口呈現圓形的蔬菜。

〔 切細條 〕胡蘿蔔

斜切成厚度3～4mm的薄片，取4～5片部分重疊在一起，按壓住重疊的部分，從最邊緣開始切成長條，寬度約3～4mm。適用於小黃瓜、牛蒡、芹菜等。

〔 切絲 〕高麗菜

將葉子一片片剝下來，大片葉子則垂直對切，切成3～4等份。將3～4片切成大塊葉子的邊緣重疊整齊，從邊緣開始切成非常細的細絲。請留意重疊太多片會不好切。

〔切丁〕番茄

蒂頭的方向朝左橫向擺放，從邊緣開始依作法指示的寬度切成圓片，依同樣的寬度，將圓片以垂直方向切成條狀，再將切成條狀的圓片整個轉90度方向，以同樣的寬度切丁。適用於馬鈴薯等圓形的蔬菜。

〔切碎末〕蔥

依作法指示的長度切下蔥段，利用刀尖以深度3mm，間隔3mm的距離，以斜的方向劃刀，從最邊緣開始切蔥花，切完之後，把切好的蔥花在砧板上攤平，再繼續切成更細的蔥花。

〔切碎末〕生薑

削皮之後，順著纖維的方向切成薄片，取4～5片部分重疊在一起，按壓住重疊的部分，從最邊緣開始切絲，將切好的薑絲轉90度方向，從最邊緣開始切成薑末。也適用於大蒜。

〔切碎末〕洋蔥

垂直對切，然後切口朝下，底部不要切斷，垂直方向間隔3mm劃刀，轉90度方向，從最邊緣開始切碎，把切好的洋蔥末在砧板上攤平，再繼續切成更細的洋蔥末。

食材備料 處理方法

有些食材只要這樣處理，就能讓料理更美觀可口，請務必學起來。

去除菇類蒂頭

金針菇切掉緊實的根部，香菇切掉蒂頭黑掉且變得堅硬的部分，鴻禧菇切掉根部堅硬處。新鮮菇類不必水洗，只要用手去除髒污即可。

大蒜壓碎

放置在砧板上，用木鏟抵住，再利用手掌用力往下壓。烹調時純粹想加一點大蒜風味道的話，建議使用這個方式更方便，不必大費周章切成蒜末或搗成蒜泥。

小黃瓜敲碎

放置在砧板上，利用擀麵棍等質地堅硬的棍狀物品敲打。一邊轉動小黃瓜，敲打5～6下之後，徒手剝成容易食用的大小即可。纖維破壞之後，更容易入味。

花椰菜分成小朵

先將花椰菜從底部一朵一朵切下，再切成小朵。下面的粗莖要先削去一層厚厚的堅硬外皮，再切成容易入口的大小。

蘆筍去除老莖

根部堅硬的部分切掉1～3cm，從根部開始1/3的範圍，利用削皮刀削掉粗糙的纖維。莖的節段若有長出鱗芽也要去掉。

酪梨去籽

酪梨以垂直方向劃刀一圈，利用兩手左右旋轉，將酪梨分成兩半。利用刀鋒靠近刀柄刺入酪梨籽，旋轉後取出，徒手剝皮即可。

雞柳去筋

雞柳中間有一條白色的筋，煮熟之後會變硬影響口感，因此建議去筋。將有筋的部分朝下，利用菜刀的刀尖抵住筋和肉的中間，徒手用力拉住筋，同時菜刀往另一個方向慢慢移動，就能順利將筋取出。

雞肉斜切成薄片

雞皮朝上，手指輕輕按住雞肉，菜刀以水平方向斜切將雞肉削成薄片。厚度一致，不僅方便控制火候，也容易入味。

下班後的宵夜食堂

一定要學起來的元氣加班餐和下廚小秘訣，多吃也無負擔、不怕胖

作　　者	ORANGE PAGE	法律顧問	浩宇法律事務所
譯　　者	許敏如	總 經 銷	大和書報圖書股份有限公司
責任編輯	陳珮真	電　　話	02-8990-2588
行銷企畫	黃怡婷	傳　　真	02-2290-1628
封面設計暨內頁排版　詹淑娟			

		印刷製版	龍岡數位文化股份有限公司
發 行 人	許彩雪	定　　價	新台幣320元
總 編 輯	林志恆	初版一刷	2018年5月
出　　版	常常生活文創股份有限公司	I S B N	978-986-96200-1-7
E－m a i l	goodfood@taster.com.tw		
地　　址	台北市106大安區建國南路1段	版權所有・翻印必究
	304巷29號1樓	（缺頁或破損請寄回更換）
電　　話	02-2325-2332	Printed In Taiwan

讀者服務專線	02-2325-2332
讀者服務傳真	02-2325-2252
讀者服務信箱	goodfood@taster.com.tw
讀者服務網頁	https://www.facebook.com/
	goodfood.taster

FB｜常常好食　　網站｜食醫行市集

國家圖書館出版品預行編目(CIP)資料

下班後的宵夜食堂：一定要學起來的元氣加
班餐和下廚小秘訣，多吃也無負擔、不怕胖 /
ORANGE PAGE著 ; 許敏如譯. -- 初版. -- 臺北市
: 常常生活文創, 2018.05
104面 ;17*23公分
譯自:残業ごはん
ISBN 978-986-96200-1-7 (平裝)
1.烹飪 2.食譜
427.1　　　　　　　　　　　　107006513